AF586185

LA

FABRICATION DE L'ALCOOL

DISTILLATION DES VINS

LA

FABRICATION DE L'ALCOOL

IV

DISTILLATION DES VINS

PAR

J.-Paul ROUX

RÉDACTEUR EN CHEF DU JOURNAL *LA REVUE UNIVERSELLE DE LA DISTILLERIE*
MEMBRE DU JURY DE L'EXPOSITION INTERNATIONALE DE 1881,
DE L'EXPOSITION UNIVERSELLE DE BRUXELLES EN 1888,
MEMBRE DES CONGRÈS INTERNATIONAUX POUR L'ÉTUDE DE L'ALCOOLISME, ETC., ETC.

Prix : 1 fr. 50

PARIS
G. MASSON, ÉDITEUR
LIBRAIRE DE L'ACADÉMIE DE MÉDECINE
120, BOULEVARD SAINT-GERMAIN, 120

1889

PRÉFACE

La reconstitution du Vignoble français marche avec une si grande rapidité que déjà le département de l'Hérault a fourni cette année une récolte de vins égale à ce qu'elle était avant l'apparition du phylloxera.

Les plantations de cépages résistant à la maladie et les nouveaux moyens mis en œuvre par la science contre le Mildew, permettent d'espérer à bref délai sur une production vinicole semblable, sinon supérieure, à celle qui a fait la réputation et la richesse de la France.

La fabrication des eaux-de-vie de vin reprendra donc son importance d'autrefois, et il est même à supposer qu'elle prendra un développement plus considérable et que la concurrence étrangère des imitations de Cognac viendra échouer contre les produits de nos vignobles.

Dans les pays où le vin est à bas prix, de qualité inférieure et de conservation précaire, la fabrication des eaux-de-vie ou de l'alcool s'impose pour le plus grand profit des viticulteurs ; c'est pourquoi, en Espagne et en Italie principalement, la distillation des vins a pris de grandes proportions.

Dans les pages qui suivent nous nous appliquons à donner les meilleures méthodes de fabrication des eaux-de-vie et d'utilisation des résidus de la récolte de la vigne.

La distillation de ces produits a fait la fortune du viticulteur ; après un moment d'éclipse, la distillation revient donner à ses produits une valeur bien plus grande qu'autrefois.

CHAPITRE PREMIER

PRODUCTION DES EAUX-DE-VIE ET DES ALCOOLS

Depuis environ trente ans la production totale de l'alcool en France a doublé. De 958,000 hectolitres en 1858, elle s'est élevée à 2,005,000 hectolitres en 1887.

Pendant cette période, l'exportation est restée à peu près la même dans une moyenne de 350,000 hectolitres. L'importation n'a sensiblement augmenté que depuis 1878, lorsque la distillation des vins n'a plus été aussi avantageuse.

Il résulte de cet ensemble de faits que la consommation des alcools a presque doublé; et la France n'a fait que suivre en ceci le mouvement qui s'est accentué bien plus encore dans d'autres pays civilisés, où la consommation de l'alcool, est en raison de l'énergie et de l'activité développées.

La production française des alcools, dans son ascension continuelle, a éprouvé des variations considérables quant à l'espèce d'alcool produit; d'abord ce sont les alcools de vin qui constituent la principale source alcoolique, ensuite ce sont les betteraves, puis les mélasses et les grains dont la production prend depuis quelques années des proportions considérables.

Malgré ces variations de la production, l'exportation des eaux-de-vie de vin, qui sont la gloire et la richesse de la France, n'a pas varié grâce aux stocks énormes qui existaient chez les propriétaires des Charentes, de temps immémorial, vieilles réserves d'eaux-de-vie que les paysans conservaient comme un trésor, et se transmettaient pour ainsi dire de génération en génération.

Ce n'est qu'après avoir vu tripler, quadrupler et même quintupler le prix des vieilles eaux-de-vie, que les propriétaires ont consenti à s'en séparer, et c'est ainsi que l'on a vu sortir des caves des quantités d'eaux-de-vie ignorées, ce qui pouvait faire croire que le sol français était inépuisable.

Mais ces stocks qui alimentent le commerce depuis une dizaine d'années sont près d'être épuisés, et il va falloir les reconstituer pour que la renommée des eaux-de-vie de vin ne souffre pas d'atteinte et que le commerce ne périclite pas.

Les bouilleurs de cru et les distillateurs de profession doivent donc s'attacher à employer les appareils les plus perfectionnés pour la production de leurs eaux-de-vie. Cette fabrication va reprendre avec la reconstitution des vignobles qui marche à pas de géant.

Mais pour cette nouvelle fabrication, les distillateurs ne doivent pas perdre de vue que le commerce ainsi que les consommateurs, sont devenus plus exigeants sur la qualité des produits; que, d'autre part, les hauts prix accordés aux eaux-de-vie de vin rendent très avantageux les appareils perfectionnés qui épuisent à fond les vinasses sans déperdition d'eau-de-vie.

La France n'a plus le privilège de la culture en grand de la vigne, et on cherche, dans tous les pays où il y a du soleil, à produire du vin, qui a le double avantage de pouvoir être consommé en nature ou transformé en eau-de-vie.

L'Espagne, l'Italie et la Hongrie ont l'ambition de faire concurrence à la France, et il ne serait pas surprenant que dans un avenir plus ou moins prochain, la production alcoolique ne subit encore une de ces transformations dont elle nous a donné tant d'exemples depuis trente ans.

La vigne, avec sa prodigieuse abondance, pourrait fournir une assez grande quantité d'alcool pour faire reculer les autres alcools, et la concurrence s'établirait entre les pays producteurs d'eaux-de-vie de vin.

C'est une éventualité contre laquelle il faut se tenir prêt quand on a le souci de l'avenir, et qu'on veut assurer le développement de sa fortune.

CHAPITRE DEUXIÈME

FABRICATION DES EAUX-DE-VIE DE VIN

La France est sans contredit le pays où la distillation a le plus progressé; c'est là où l'on a créé la distillation de betteraves, c'est encore là où l'on a doté la distillation des mélasses de nombreux perfectionnements. Cette activité, si favorable aux créations nouvelles, a eu pour point de départ et pour cause essentielle l'*oïdium*, cette maladie de la vigne qui est venue jeter une perturbation si grande dans les vignobles et les distilleries du Midi.

A peine l'oïdium a-t-il disparu depuis quelques années, combattu par le soufrage des vignes, que voilà celles-ci attaquées par un fléau plus redoutable, par le phylloxera qui a mis la mort dans l'âme de nos vignerons; mais ce mal comme le précédent cédera au travail et à la persévérance: on obtient, dès aujourd'hui déjà, des résultats satisfaisants par l'importation des *plants d'Amérique*.

Les ravages causés par l'oïdium ont introduit en France la distillerie agricole et industrielle, qui ont comblé les déficits de l'alcool de vins, à partir de l'année 1855.

Les ravages causés par le phylloxera auront créé les vignobles de notre belle colonie algérienne: des plantations considérables de *vignes* s'y font en ce moment.

Il faut attribuer l'infériorité actuelle des distilleries de vins du Midi à l'imperfection des appareils dont elles se servent.

Les anciens appareils chauffés à feu nu datent de Cellier, Blumenthal et de Desrone, c'est-à-dire de 1820, et n'ont pas été modifiés ni remplacés depuis.

Les distilleries de vins se fiant beaucoup trop sur la nature du produit qu'elles travaillent sont restées complètement étrangères à tous les progrès réalisés dans le Nord de la France ; chaque propriétaire du Midi a continué à brûler son vin dans son ancien appareil à feu nu. Il en est résulté que les produits aussi sont restés ce qu'ils étaient il y a cinquante ans, et qu'ils se sont laissé devancer énormément par les alcools fins de provenance de vins obtenus en Espagne et en Italie par les appareils perfectionnés.

Il se fait en Espagne une consommation considérable d'alcool de vins, et celui-ci doit y atteindre une grande perfection en raison de son emploi, car il sert presque exclusivement au vinage des vins fins de Xérez et de Malaga. En 1870, il a été exporté des villes de Xérez et de Porte-Sainte-Marie 30,443 fûts de vins, soit 152,215 hectolitres.

Ces vins étant chargés de 25 et même 30 0/0 d'alcool, ils ont employé de 38,000 à 45,000 hectolitres d'alcool pur pour ces deux villes seulement. Aussi les Espagnols nous ont-ils précédés dans la voie du progrès, pour la perfection donnée aux alcools de vins. 29 grandes distilleries ont été établies en Espagne par la maison Savalle, 14 de ces usines sont des distilleries avec rectificateur raffinant l'alcool des vins destinés au vinage. Ces 14 distilleries produisent par jour 38,100 litres d'alcool.

L'Italie commence à suivre cet exemple. La Société œnologique « La Sicilia d'Aciréale » a établi en Sicile une distillerie de vins du système Savalle pouvant produire journellement 20 hectolitres d'alcool de vins raffiné. La France commençait aussi à appliquer les nouveaux appareils quand le phylloxera est venu ralentir ce progrès en diminuant de plus en plus la production de l'alcool des vins.

On se sert donc encore généralement dans le Midi, d'anciens

appareils défectueux de ce système et chauffés à feu nu, qui fournissent des produits inférieurs et perdent parfois jusqu'à 12 0/0 des produits.

Plus un produit est rare, plus il est cher, et plus il est important d'éviter toute perte pendant la fabrication.

La perte d'alcool que nous avons constatée dans les vinasses sortant des anciens appareils est énorme, surtout dans l'Armagnac, où les eaux-de-vie ont une si grande valeur.

Les appareils que nous appliquons à la distillation des vins sont de différentes espèces, suivant que l'on veut obtenir de l'eau-de-vie à 60 degrés (22° Cartier), du trois-six de Montpellier à 86 degrés ou comme en Espagne de l'alcool de vins rectifié titrant 96 degrés. — Nous indiquerons ici ces différentes applications.

CHAPITRE TROISIÈME

FABRICATION DES EAUX-DE-VIE DE MARC

Malgré les perfectionnements que l'on a essayé d'apporter à la distillation des marcs de raisin, l'alcool provenant de cette source est toujours de mauvais goût, et ne peut servir à composer des boissons alcooliques. C'est qu'il existe dans les pépins du raisin un alcool particulier, l'alcool amylique, très âcre et de mauvais goût, et, en outre, une huile essentielle. Par leur âcreté, ces produits donnent toujours une saveur détestable au trois-six de marc. Malgré la précaution qu'ont les distillateurs de fractionner les produits de leur distillation, c'est-à-dire de recueillir à part les liquides condensés à chaque période d'une même opération, ils obtiennent des alcools de marc qui conservent néanmoins leur mauvais goût; on ne parvient que fort difficilement à les débarrasser de l'alcool amylique.

M. Désiré Savalle a proposé une méthode particulière pour obtenir de l'alcool de marc de bonne qualité. Elle consiste à faire gonfler le marc par l'eau et à le soumettre à une pression convenable. Voici comment M. Savalle recommande d'opérer.

Après avoir mis les marcs dans une cuve, on ajoute pour chaque hectolitre de marc pressé un hectolitre et demi d'eau tiède à 30 ou 40 degrés. On brasse bien le mélange, on laisse les marcs se gonfler en se chargeant d'eau pendant 12 heures. Ensuite, on passe au pressoir les marcs chargés d'eau, celle-ci s'écoule et entraîne avec elle tout l'alcool contenu dans le marc.

En soumettant ce liquide à la distillation, on obtient un alcool excellent qui, lorsqu'il est rectifié, fournit un trois-six extra-fin. En effet, cet alcool est débarrassé des huiles lourdes, infectes, retenues dans le pépin, dans la pelure et dans la rafle du raisin.

Dans des expériences très intéressantes, dit M. D. Savalle, nous avons d'abord séparé avec soin les rafles, pour les distiller à part; elles ont fourni une très grande quantité d'huile essentielle lourde, très infecte. Nous avons ensuite soumis à la distillation le marc sortant du pressoir et dont on avait extrait l'alcool par le moyen indiqué ci-dessus. Ce résidu a donné de l'huile essentielle, mais en quantité infiniment moindre que la rafle et d'une odeur moins pénétrante. On peut donc, en employant ma méthode, qui consiste à faire gonfler d'abord les marcs par l'eau tiède et à les soumettre à une pression convenable, extraire un trois-six excellent et d'une valeur commerciale bien supérieure au trois-six de marc actuel. On peut en outre distiller le liquide chargé d'alcool par les appareils distillatoires continus, sans être astreint à l'emploi de calandres, ou d'autres appareils spéciaux qui n'ont d'emploi que pour distiller les marcs en nature.

Les eaux-de-vie de marc que l'on trouve dans le commerce sont très difficiles à débarrasser de l'alcool amylique et de l'huile essentielle qu'elles renferment. On pourrait les rectifier dans les appareils qui servent à la rectification des différents alcools, mais le plus souvent, vu la grande difficulté de leur purification, on les emploie telles qu'on les a retirées des marcs. Aussi les eaux-de-vie de marc ne servent-elles que dans l'industrie, c'est-à-dire pour la fabrication des vernis et des couleurs, pour la préparation des liquides éclairants composés d'un mélange d'essence de térébenthine et d'alcool, pour la chapellerie, l'ébénisterie, etc.

Le résidu de la distillation des marcs constitue un excellent engrais pour la vigne. D'après les principes de la chimie agricole, qui veulent qu'on rende à la terre épuisée par la culture les mêmes éléments qu'ont enlevés les récoltes, le marc de raisin, qui restitue à la terre les sels de potasse, les phosphates et la plupart des éléments minéraux entrant dans la composition du raisin, est l'engrais le plus rationnel. Tel est, en général, l'emploi que le marc distillé reçoit dans le midi de la France. Souvent aussi on consacre le marc distillé à la nourriture des animaux; les moutons et la volaille le mangent avec avidité et profit.

Nous n'avons rien dit de l'emploi des vinasses, c'est-à-dire du résidu de la distillation des vins. C'est que ce résidu offre bien peu de ressources. Presque toujours il est rejeté hors de l'usine, comme produit encombrant et sans valeur. Les *vinasses* forment aux alentours des distilleries un ruisseau fangeux et fétide. On est forcé de les rejeter dans le plus proche cours d'eau, autant toutefois qu'il est prouvé que ce cours d'eau n'aura pas à redouter cette cause d'infection.

Les embarras qui naissent de l'accumulation des vinasses autour des distilleries ont amené à chercher différents procédés pour tirer parti de ces résidus; mais aucun des moyens qui ont été proposés dans ce but n'a bien réussi. On a proposé de retirer, par un procédé économique, l'acide tartrique qui reste dans ces liquides encombrants. Dans ce but, on recueille les vinasses au sortir de l'alambic, et on les traite, encore chaudes, par 1 à 2 0/0 de leur poids d'acide chlorhydrique. On laisse déposer le liquide et on le décante, puis on le traite par de la chaux, qui forme un dépôt de tartrate de chaux, représentant environ 3 à 4 0/0 du poids des vinasses. Ce tartrate de chaux est vendu aux fabricants de crème de tartre, qui en retirent l'acide tartrique.

Le même procédé peut s'appliquer au traitement des marcs pour en recueillir l'acide tartrique. Pour cela, on modifie l'opération de manière à recueillir de l'alcool ou de l'acide tartrique. On calcule qu'un million d'hectolitres de vins fournirait jusqu'à 200,000 kilogrammes d'acide tartrique.

CHAPITRE QUATRIÈME

INSTALLATION D'UNE DISTILLERIE

Rien n'est plus simple que l'installation d'une distillerie de vins. Tous les accessoires nombreux qui entrent dans une distillerie de betteraves, de grain ou de mélasse sont ici superflus. En effet, aucune matière n'est à préparer, il n'est pas besoin de cuiseurs, de macérateurs ni de cuves de fermentation. Un certain nombre de réservoirs pour emmagasiner le vin, d'autres pour recevoir l'eau-de-vie et quelques pompes suffisent. Les appareils à distiller n'ont besoin que d'un générateur, et c'est tout. Aussi ne faisons-nous que jeter un coup d'œil sur les différents cas qui peuvent se présenter, suivant les produits que l'on veut obtenir, afin de désigner les appareils qui sont à employer.

1° Si l'on veut obtenir des eaux-de-vie à 60 degrés, il suffira d'employer la colonne à distiller ordinaire que nous représentons fig. n° 2. Cette colonne donnera le produit désiré en laissant à l'eau-de-vie l'odeur et l'arome du vin employé.

2° S'il s'agit de transporter l'eau-de-vie obtenue au loin, il sera préférable d'employer la colonne à fort degré, qui, tout en conservant à l'eau-de-vie son parfum naturel, permettra d'effectuer le transport à moindres frais, puisque un hectolitre de liquide contiendra 30 pour cent d'alcool de plus.

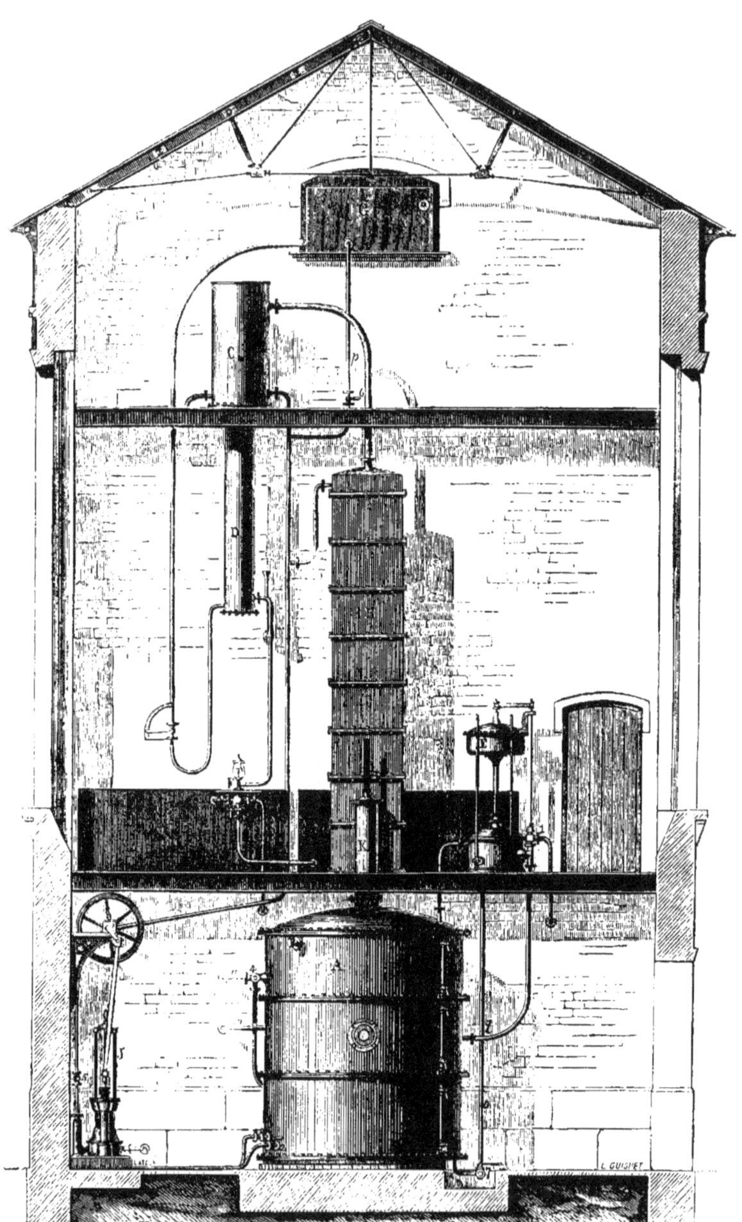

Fig. 1. — Rectificateur méthodique système Savalle.

3° Enfin, si l'on veut faire des alcools fins de vin, il sera nécessaire de joindre à la colonne produisant de l'eau-de-vie à 60 degrés un rectificateur Savalle, que nous reproduisons figure 1, et qui donnera, par la rectification, un alcool absolument pur à 96 degrés.

I. — Appareils rectangulaires de distillation.

La maison Savalle a employé dans les premières distilleries qu'elle a montées, il y a une vingtaine d'années, des colonnes à plateaux perforés; ce système offrait au constructeur l'avantage de la simplicité et du bon marché de la construction. Quand l'appareil était neuf, rien de mieux, son fonctionnement était parfait; mais ensuite, la perforation du plateau qui servait de passage aux vapeurs, s'agrandissait et le rapport entre ces passages de vapeur et le travail produit n'existait plus. Il en résultait une perte d'alcool dans les vinasses, qui allait en grandissant en raison de l'usure des plateaux de colonne,

M. Désiré Savalle s'est donc mis à chercher un nouvel appareil distillatoire écartant ces deux inconvénients d'usure et de perte aux vinasses. Ses travaux furent couronnés de succès par la réalisation de sa nouvelle colonne rectangulaire, figure 2.

Dans cette colonne, toutes les parties sont robustes et à l'abri d'une trop prompte usure, et la combinaison du système est telle que l'appareil est constamment propre par la vitesse d'écoulement de la matière en distillation qui est de 40 centimètres par seconde.

Cet appareil se distingue :

— Par l'application à son chauffage d'un régulateur de vapeur perfectionné.

— Par le mode de régulariser l'alimentation des liquides à distiller.

— Par son chauffe-vins à grandes surfaces, qui utilise parfaitement

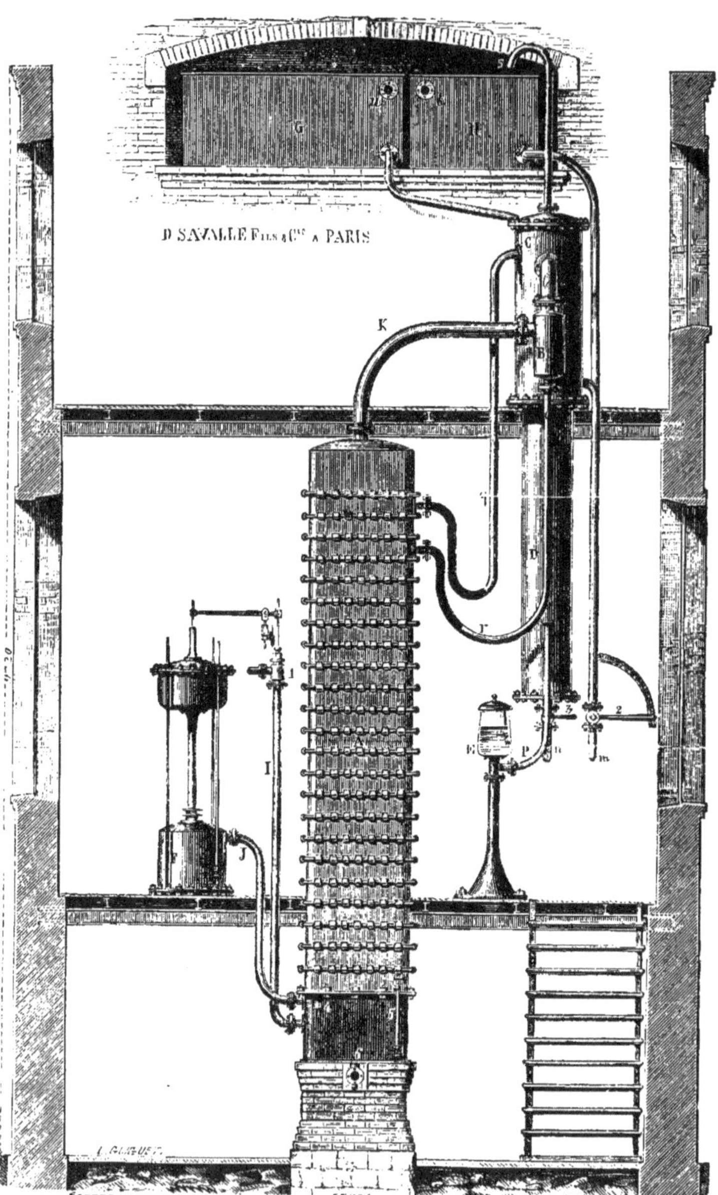

Fig. 2. — Appareil rectangulaire n° 3, dimension moyenne.

le calorique des vapeurs d'alcool au profit du vin froid entrant dans l'appareil.

— Par le brise-mousses, qui procure des produits moins acides et exempts de mélanges de matières résultant de coups de feu.

— Par le réfrigérant tubulaire dont la disposition intérieure nouvelle réduit de moitié la consommation d'eau nécessaire à la réfrigération.

— Par la disposition spéciale des plateaux de colonne à grande surface de barbotage, où chaque litre de matière à distiller est soumis à une lame de vapeur représentant, dans les grands appareils, environ 200 mètres de longueur.

L'ensemble du système offre une perfection réelle d'où résulte une grande puissance de travail et l'assurance d'épuiser complètement l'alcool des vinasses.

II. — Fonctionnement de la colonne distillatoire rectangulaire.

Pour mettre en train l'appareil figure 2 il faut :

1° Mettre en mouvement la pompe à vin et celle à eau froide pour emplir les réservoirs supérieurs ;

2° Emplir d'eau froide le réfrigérant D ;

3° Emplir de vin le chauffe-vins C et tous les plateaux de la colonne A ;

4° Fermer les robinets d'alimentation d'eau (3) et de vin (2) ;

5° Mettre la vapeur pour chauffer graduellement tous les plateaux de la colonne, et pour chasser sans secousses l'air contenu dans le chauffe-vins et dans le refrigérant ;

6° Lorsque l'alcool coule à l'éprouvette E, il faut ouvrir le robinet (3) du réfrigérant ;

7° Puis ouvrir petit à petit le robinet d'alimentation du vin ;

8° Ici se présente une difficulté : il faut, à la mise en train de l'appareil, chercher le point d'alimentation convenable du vin, pour que, d'une part, il ne soit pas trop considérable et n'arrête pas la production de l'alcool à l'éprouvette, et pour que, d'autre part, l'alimentation de ce vin soit assez forte pour maintenir au produit le degré alcoolique convenable. C'est un point d'alimentation à déterminer une fois pour toutes, au moyen du robinet d'alimentation (2) et du cadran indicateur qui y est fixé;

9° Pour pouvoir bien déterminer ce point d'alimentation, il est indispensable que le réservoir à vins soit constamment plein au même niveau. Il faut, par conséquent, que la pompe alimente ce réservoir à continu et que le trop-plein du réservoir retourne à l'aspiration de la pompe;

10° Pour ce qui est de la vapeur de chauffage, il est utile de la donner modérément en commençant le travail, jusqu'à ce que les alcools arrivent la première fois à l'éprouvette; ensuite le régulateur de vapeur fonctionne, et on n'a plus à s'en préoccuper. Il faut alors surveiller l'alimentation des vins;

11° Pour terminer le travail, on arrête d'abord l'alimentation des vins, en fermant le robinet (2), puis, quelques instants après, on arrête la vapeur de chauffage; la colonne reste ainsi garnie de matières pour recommencer le travail le jour suivant. Si l'on arrête le samedi en marchant à continu nuit et jour, il est préférable de laisser la vapeur chauffer la colonne plus longtemps sans alimenter de vin pour faire venir à l'éprouvette tout l'alcool qu'elle contient.

III. — Petit appareil à feu nu fonctionnant à continu.

L'installation d'une grande distillerie de vins constitue une dépense importante, à laquelle on hésite longtemps. En dehors même de la grande industrie, il existe un nombre considérable de bouilleurs de cru, auxquels le petit appareil à feu nu dont nous allons parler est plus spécialement destiné.

Un préjugé qu'on ne saurait trop combattre et qui est généralement partagé par les bouilleurs de cru, est que plus le vin est brûlé plus le bouquet obtenu est fin.

C'est là une grave erreur, qui était également partagée par les producteurs d'eau-de-vie de cidre et poiré, et qui a été victorieusement démontrée par les produits obtenus du premier jet et à continu par un petit appareil analogue, construit spécialement pour les cidres. Son succès a été consacré par un Diplôme d'honneur qui lui a été décerné par les membres du jury de l'Exposition des cidres de 1888.

Dans les appareils à feu nu ordinaires, outre la perte de temps considérable qu'il fallait supporter par les intermittences du travail, on avait encore un déficit considérable d'alcool aux vinasses, perte qui allait quelquefois à 25 pour cent. De plus les flegmes obtenus étaient très faibles.

Avec le nouvel appareil à distiller représenté figure 3 on obtient du premier coup et à continu, des eaux-de-vie à 63° d'un goût parfait et donnant toute la pureté désirable.

L'un, le plus petit, distille 150 litres de vin à l'heure, soit 18 hectolitres en 12 heures. Il fonctionne sans eau de réfrigération, car on fait servir le vin au refroidissement des vapeurs alcooliques; cette combinaison produit une grande économie de combustible, puisque le vin entre déjà chaud dans la colonne à distiller.

L'autre, plus grand, distille 300 litres de vin à l'heure, soit 36 hectolitres en 12 heures.

Ces appareils sont chauffés, soit au bois, soit au charbon, suivant le combustible que l'on a sous la main. Ils ne consomment que 4 kilos de charbon par hectolitre de vin distillé.

On voit que par son rendement et par l'économie de chauffage, l'achat de cet appareil est bien vite regagné. Plusieurs bouilleurs de cru ont déjà reconnu le fait, et se sont pourvus du nouvel appareil à distiller à feu nu de la Maison Savalle.

Cet appareil se distingue :

1° Par le mode de régulariser l'alimentation du liquide à distiller, qui entre dans l'appareil sous une pression constante obtenue par un écoulement à niveau constant dans le bac alimentaire :

2° Par son chauffe-vin à grande surface qui utilise parfaitement

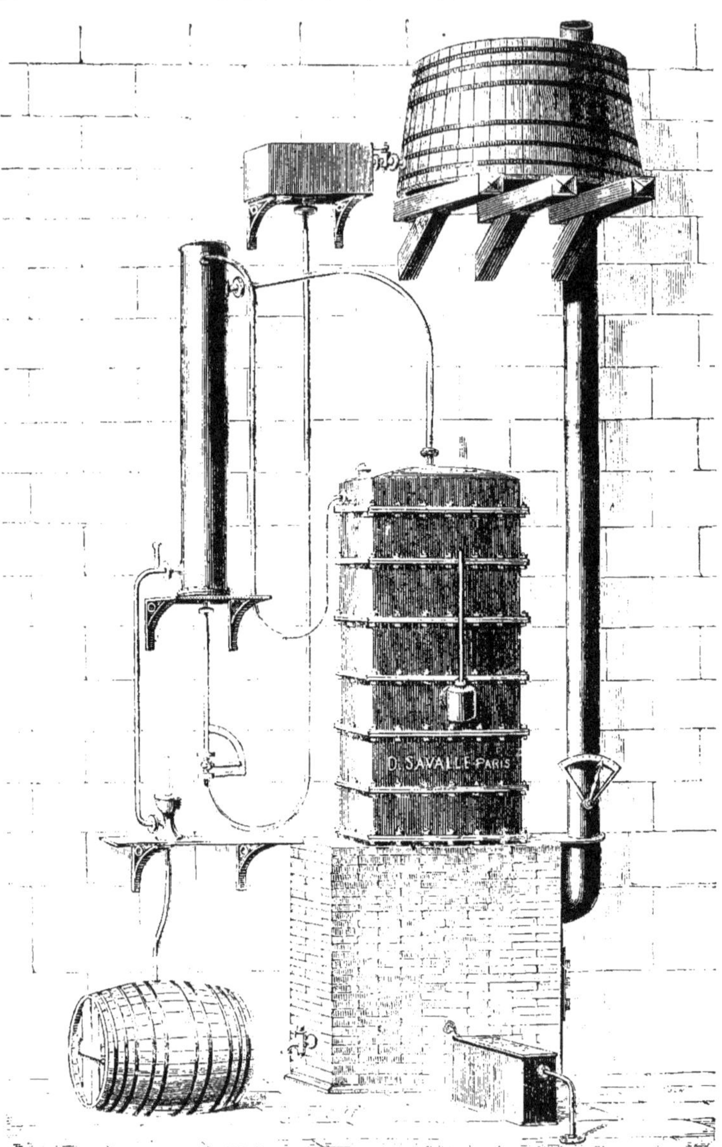

Fig. 3. — Appareil distillatoire à feu nu distillant 250 litres de vin à l'heure.

le calorique des vapeurs alcooliques pour chauffer le liquide entrant dans l'appareil ;

3° Par son système régulateur de sortie des vinasses.

IV. — Fonctionnement de l'appareil à feu nu.

Pour mettre en train l'appareil figure 3 il faut :

1° Au moyen d'une pompe à bras ou de tout autre système, emplir les réservoirs supérieurs dont le plus grand contiendra 1,000 litres de vin au moins ;

2° Emplir de vin, en ouvrant le robinet à cadran, le réfrigérant et tous les plateaux de la colonne jusqu'à ce que le liquide apparaisse au tube à niveau d'eau ;

3° Fermer le robinet à cadran ;

4° Allumer le fourneau et faire un feu modéré ;

5° Lorsque l'eau-de-vie commence à couler à l'éprouvette, il faut ouvrir le robinet à cadran à nouveau, mais avec précaution et petit à petit ;

8° Ici se présente, comme pour les grands appareils, le moment délicat de la mise en marche : il faut chercher le point convenable d'alimentation, pour que d'une part, elle ne soit pas trop forte et n'arrête pas la production de l'alcool à l'éprouvette et pour que d'autre part, l'alimentation du vin soit assez intense pour maintenir le degré voulu à l'eau-de-vie. C'est un point à déterminer une fois pour toutes, sur le cadran du robinet ;

9° Il est indispensable de maintenir dans l'appareil une pression constante, qui est indiquée au moyen d'un manomètre à air libre placé sur l'un des plateaux de la colonne ;

10° Il faut, autant que possible, maintenir un feu régulier dans le fourneau. On y arrive facilement au moyen du registre adapté sur le tuyau et en ouvrant ou fermant la porte du foyer suivant le besoin ;

11° Pour terminer le travail, on arrête d'abord l'alimentation du vin en fermant le robinet à cadran d'alimentation, puis, quelques instants après, on laisse tomber complètement le feu.

La colonne reste ainsi garnie de matières pour recommencer le travail le jour suivant.

Sous le robinet à cadran se trouve un autre robinet plus petit qui permet de vider complètement les tuyaux d'alimentation et le réfrigérant.

V. — Petite colonne distillatoire fonctionnant à la vapeur.

La maison Savalle construit des distilleries de vins de toutes les dimensions.

Pour atteindre ce but, elle a combiné l'appareil n° 0 figure 4 qui, joint à la modicité du prix, a l'avantage d'être très simple, commode à installer, facilement transportable, et de pouvoir fonctionner aussitôt arrivé à destination. Il n'exige pas de bâtiment spécial. Sa puissance de production est de 600 litres d'eau-de-vie à 60 degrés par dix heures de travail. Son prix actuel, avec le générateur qui sert au chauffage, est de 10,500 francs.

Pour employer l'appareil figure 4, on commence par emplir d'eau le générateur de vapeur ; on allume le feu et on fait monter la pression à 3 ou 4 atmosphères. Pendant que la vapeur se produit, on alimente de vin le petit réservoir supérieur de l'appareil. En ouvrant le robinet à cadran, on introduit le liquide dans le chauffe-vin et dans toute la colonne.

La première fois que l'appareil fonctionne, il faut examiner si le régulateur de vapeur est préparé au travail. Pour cela, il faut que la tige du flotteur soit bien fixée à ce dernier, que le levier ait son point d'appui solidement établi, et qu'enfin la soupape de vapeur soit ouverte de 4 à 5 millimètres seulement, au point de repos de l'appareil.

Cet examen préalable terminé, on introduit graduellement la vapeur, elle passe par la soupape du régulateur et se rend dans le soubassement, puis elle s'élève pour chauffer graduellement les couches de liquide contenues dans les plateaux de la colonne, et entraîner vers le chauffe-vin les vapeurs alcooliques. Là, ces vapeurs se condensent en cédant leur calorique au vin qui va

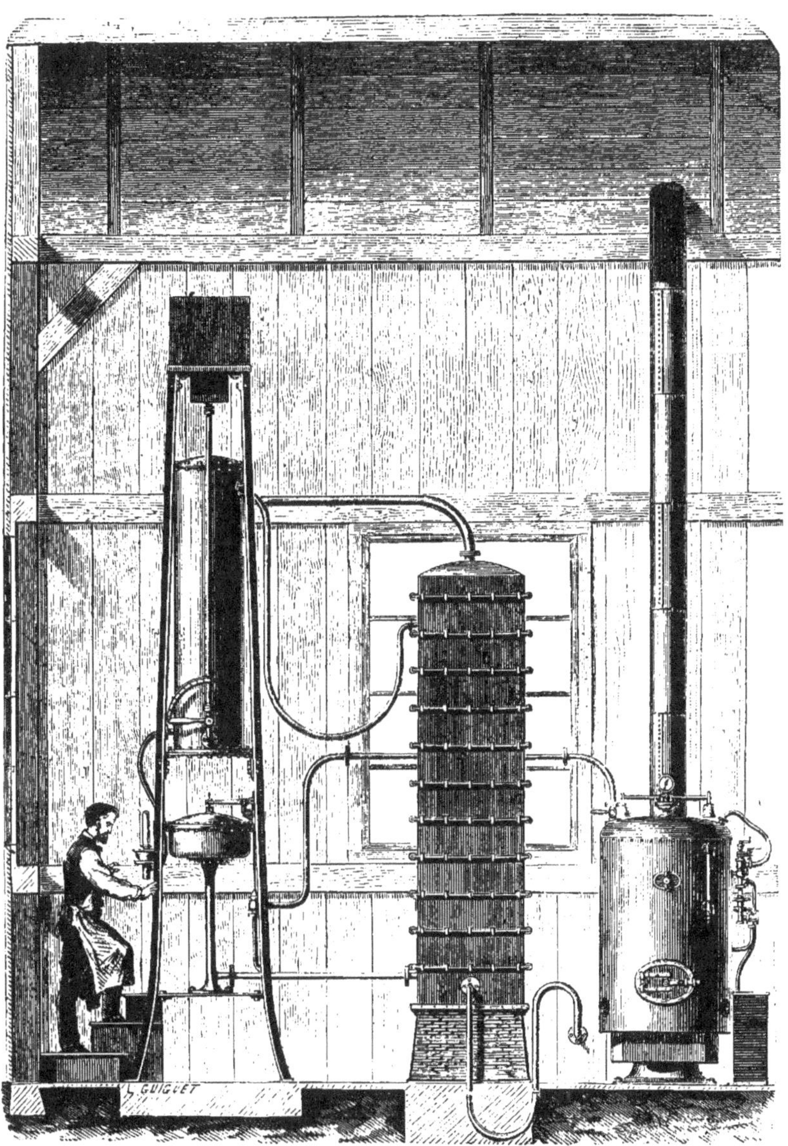

Fig. 4. — Appareil n° 0, facilement transportable, produisant 600 litres d'eau-de-vie à 60 degrés par 10 heures de travail.

être distillé, et s'écoulent à l'état d'eau-de-vie à 60 degrés à l'éprouvette.

A ce moment on ouvre partiellement le robinet d'alimentation du vin muni de son cadran gradué et l'on cherche petit à petit le point d'alimentation convenable, qui se détermine une fois pour toutes. Quand on ouvre trop le robinet d'alimentation, la production d'eau-de-vie s'arrête à l'éprouvette ; si on l'ouvre trop peu, le degré du produit est trop faible. C'est en évitant ces deux extrêmes qu'on arrive au point d'alimentation requis, qui une fois déterminé sert toujours.

Ce petit appareil rectangulaire ayant son régulateur automatique de vapeur, il n'y a pas à s'occuper de régler le chauffage ; il suffit de chauffer le générateur, et le régulateur de vapeur fait le reste.

Les vinasses épuisées sortent sans cesser par le siphon de vidange situé au bas de la colonne. Un injecteur Giffard sert à l'alimentation, dans le générateur, de l'eau enlevée par la vaporisation. L'opération est continue et dure tant qu'on chauffe le générateur et qu'on alimente de vin à distiller par le réservoir supérieur. Il est essentiel de ne jamais laisser vider celui-ci pendant le travail.

Quand on veut arrêter l'opération, on ferme d'abord le robinet à cadran servant à l'alimentation du vin ; quelques minutes après, on ferme le robinet de vapeur. Les eaux-de-vie obtenues par ce travail essentiellement régulier sont de qualité parfaite.

Pour maintenir l'appareil en parfait état de propreté, il est utile, quand on arrête le travail pour plusieurs jours, de passer de l'eau dans l'appareil pour en faire sortir les parties acides qui oxyderaient le métal.

VI. — Appareil produisant du premier jet de l'alcool de vin de 93 à 94 degrés.

Cet appareil que nous représentons figure 5 et qui rend de si grands services aux colonies en produisant des alcools à forts degrés, s'applique également à la distillation du vin.

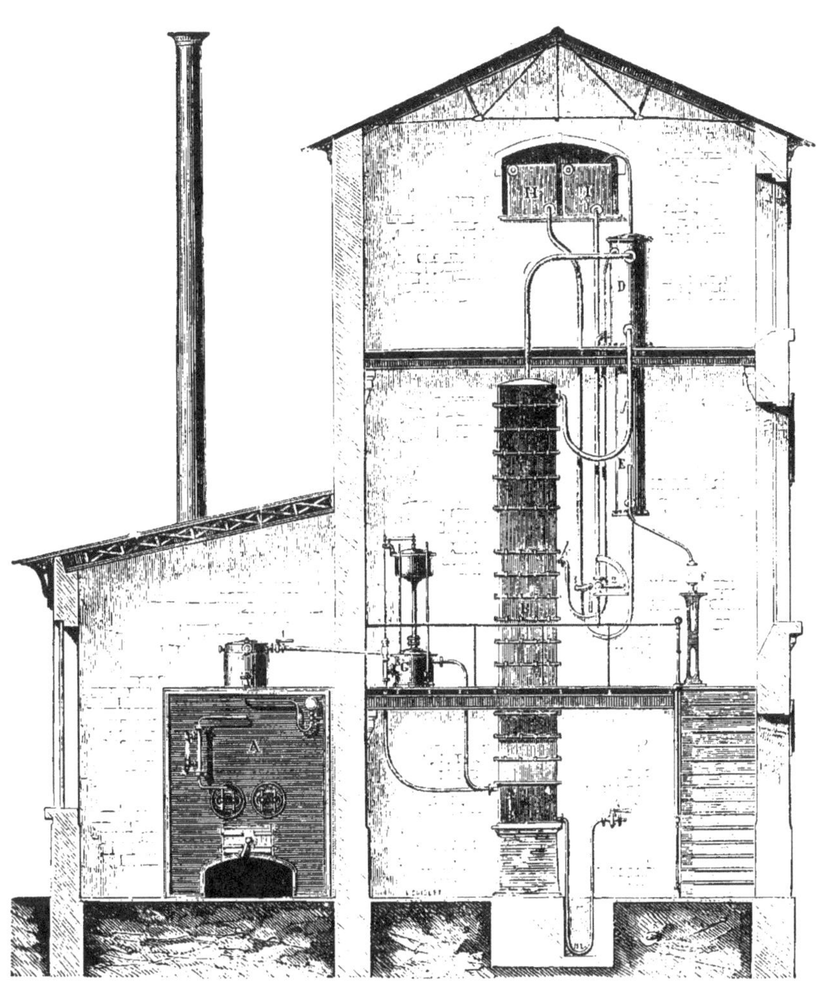

Fig. 5. — Appareil distillatoire produisant, du premier jet, des eaux-de-vie à 90 et 93 degrés.

On peut donner pour l'acool brut de vins, les mêmes raisons qui militent en faveur de cet appareil et que nous donnions dans notre brochure, sur la production des rhums.

En effet, les fabricants d'alcool de cannes, trouvent de grands avantages pour le transport de leurs produits par la diminution de frais pour une même quantité d'alcool expédié.

Ce produit se trouve grevé :

Pour logement par hectolitre	Fr.	15 »
Pour fret, jusqu'au Havre		5 55
Soit ensemble	Fr.	20 55

par hectolitre, d'un produit contenant 60 degrés ou 60 litres d'alcool pur à 100 degrés.

Si, au lieu d'avoir dans cet hectolitre 60 degrés, on peut y mettre 90 à 93 degrés, on gagne les frais de logement et de fret sur 30 à 33 litres d'alcool, ce qui constitue un bénéfice de 10 à 11 francs par hectolitre d'eau-de-vie envoyée en France.

Les producteurs d'alcool de vins d'Algérie et de Tunisie y trouveront également leur compte.

Beaucoup de distillateurs ont compris cela et on emploie de plus en plus les nouveaux appareils Savalle qui fournissent de l'alcool à 90 degrés.

Il n'est pas inutile de faire remarquer que le produit obtenu par cette colonne contient tout autant d'arome que les eaux-de-vie à 60 degrés et qu'il est même supérieur en qualité parce qu'il contient moins d'huiles lourdes.

VII. — Nouvel appareil d'essai des vins indiquant la richesse alcoolique avec une grande précision.

Il est d'une grande importance, pour les distillateurs des pays à vins, de savoir exactement la richesse alcoolique des vins qu'ils possèdent ou qu'ils achètent; mais jusqu'à présent tous les moyens qui leur ont été proposés pour arriver à ce résultat ne leur donnent que des appréciations très approximatives qui s'écartent parfois beaucoup de la réalité et sont cause de grands mécomptes. — Les alambics d'essai donnent un produit très

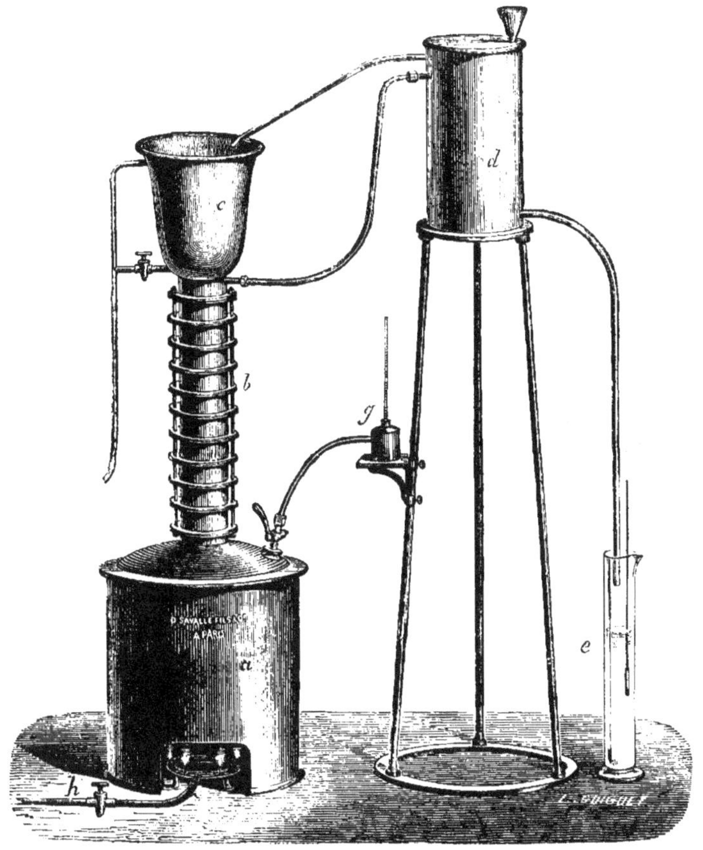

Fig. 6. — Nouvel appareil pour déterminer la teneur alcoolique des vins.

a. Fourneau contenant sa chaudière.
b. Colonne pour enrichir et analyser les vapeurs de la distillation.
c. Analyseur à eau.
d. Réfrigérant.
e. Éprouvette graduée pour recevoir le produit.
g. Manomètre.
h. Conduite d'arrivée du gaz destiné au chauffage.

faible en alcool, qu'il est difficile de peser exactement, à cause de la capillarité qui fausse l'indication du pèse-alcool dans les faibles degrés.

MM. D. Savalle et Cie se sont appliqués à étudier la question, et à l'aide de nombreuses observations, ils sont arrivés à établir un appareil d'essai qui fournit un produit à forts degrés, facile à titrer comme richesse alcoolique. *(Voir fig. 6.)*

La figure représente la disposition de cet appareil.

Un des défauts principaux des appareils d'essai était d'opérer sur un volume de vin trop minime; l'appareil ci-dessus opère sur cinq ou à volonté, sur dix litres de vin à la fois, et donne un produit qui pèse en moyenne 60 degrés centésimaux.

On arrive par lui à reconnaître l'alcool contenu dans les vins avec une précision remarquable.

Pour s'en convaincre, on met dans dix litres d'eau dix centimètres cubes d'alcool. — En soumettant ce mélange qui contient un millième d'alcool, à l'appareil on retrouve neuf centimètres cubes huit dixièmes d'alcool dans les trente premiers centimètres cubes de produit distillé. — Aucun appareil d'essai n'a donné jusqu'ici ce résultat.

Maintenant cet appareil d'essai a un tort, nous le savons : il coûte plus à établir que les autres alambics d'essai, par le motif qu'il est plus grand et d'une construction toute différente, mais les services qu'il rend sont importants et les grandes maisons de distillation se le procurent malgré son prix de 500 francs.

Cet appareil d'essai peut se chauffer au gaz, au pétrole, à l'alcool ou même à la vapeur.

VIII. — Devis approximatif du matériel d'une distillerie de vins produisant, par 24 heures, 2,000 litres d'alcool rectifié à 96 degrés.

1° *Générateur de vapeur* de 45 mètres carrés de surface de chauffe muni de tous ses accessoires. . .	Fr.	6.500 »
A reporter. . .	Fr.	6.500 »

Report. . . Fr. 6.500 »

2° *Distillation des vins :*

Appareil distillatoire en fonte de fer n° 2, avec régulateur de vapeur et autres satellites en cuivre rouge. . 7.200 »

3° *Appareil de Rectification :*

Rectificateur n° 3, système perfectionné avec chaudière en tôle . . . . 12.500 »

4° *Machine à vapeur :*

Pompe à eau froide.
Pompe alimentaire du Générateur. . . . . 3.600 »
Pompe à vins.

5° *Réservoirs :*

Un pour l'alcool brut de 100 hectos, poids	1.850	kilog.
Un pour les 3/6 fin de 50 — —	1.030	
Un pour l'eau froide de 25 — —	375	
Un pour l'eau chaude de 15 — —	375	
Un pour alimenter de vin l'appareil de 15 hectos, poids	250	
Environ. . .	3.880	kilog.

A 65 francs les 100 kilog. 2.522 »

6° *Tuyauterie et Robinetterie Générale* de l'usine, environ. . . . . 2.500 »

Prix du matériel complet. . . . . Fr. 34.822 »

CHAPITRE CINQUIÈME

STATISTIQUE

Des Distilleries de Vins les plus importantes montées en France et à l'Étranger par la maison Savalle.

NOMS DES INDUSTRIELS	DEMEURES	DÉPARTEMENTS	PRODUCTION JOURNALIÈRE EN ALCOOL		RENSEIGNEMENTS
			BRUT	RECTIFIÉ	
ESPAGNE					
			LITRES	LITRES	
J. F. et E. Barreda	Port-Ste-Marie			2.000	
M. Bertran y Rosell	Barcelone			2.200	
Cécilio de Roda	Albunol			2.200	
Fermin de Urmenata	Chiclana			2.500	
Joaquin de la Gandara, directeur du chemin de fer de Saragosse	Albacèt			4.000	
José Bosch et frère	Badalona			2.000	Rectificateur du nouveau système.
José de Bertemati	Jerez-de-la-Frontera			2.500	
Leach, Cire et Cie	Alicante			1.000	
Manuel Pareja	—			1.000	
Le même, 2me appareil	—			2.500	
D. Juan Malvido	—			2.200	Distillation des vins et rectification des alcools de vins.
Colonne distillatoire	—		3.000		
Nicolas Gomez	La Palma, près Séville				
2e appareil			4.000	2.000	Idem.
Pedro Domecq	Jerez-de-la-Frontera			2.500	
Sévil, Hermanos y Pohndorf	—			2.500	
Ramon Jimenez	Puerta Santa-Maria			4.500	
Marichalar	—			4.500	
Antonio Grau	Barcelone			3.000	Rectificateur nouveau système.
Benito Garriga	Torredel Castillo	Pastriz	750		Appareil produisant des eaux-de-vie à 60°.

NOMS DES INDUSTRIELS	DEMEURES	DÉPARTEMENTS	PRODUCTION JOURNALIÈRE EN ALCOOL BRUT	PRODUCTION JOURNALIÈRE EN ALCOOL RECTIFIÉ	RENSEIGNEMENTS
FRANCE					
		Report......	7.450	43.100	
Armand et **Flamant**..........	Sallèles-d'Aude .	Aude	600		Appareil ambulant produisant 90 litres d'eau-de-vie à l'heure.
Chollet et Cie	Chantrigné.....	Mayenne.	500		Appareil pour la production des eaux-de-vie de cidre.
Quesnay, frères	Montfort-s-Risles	Eure	300		Appareil à feu nu produisant 300 l. d'eau-de-vie en 10 heures.
GRÈCE					
Finopoulo, frères	Pirée		1.000		
ITALIE					
De Dato Samarelli et Cie	Molfetta	Italie méridionale		2.000	Distillerie de marc de raisin avec production de crème de tartre.
La Sicilia Societa enologica e di Agrumi................	Acireale	Sicile		2.000	
2e appareil, colonne distillatoire rectangulaire	—	—	3.000		
		TOTAUX......	12.850	47.100	*litres d'alcool de vins*

produits journellement par les appareils SAVALLE.

PRIX

DES

APPAREILS DE RECTIFICATION

SYSTÈME SAVALLE

NUMÉROS de DIMENSIONS	CONTENANCE des CHAUDIÈRES	VOLUME d'alcool fin produit en 24 hes	PRIX DES APPAREILS AVEC CHAUDIÈRE EN FER — SYSTÈME Savalle primitif	PRIX DES APPAREILS AVEC CHAUDIÈRE EN FER — SYSTÈME Savalle perfecté	PLUS-VALUE pour chaudière EN CUIVRE
	Litres	Litres	Francs	Francs	Francs
2	4.000	1.000	**6.000**	**7.500**	**1.000**
3	7.500	2.000	**9.000**	**12.500**	**3.000**
4	11.000	2.800	**12.000**	**15.500**	**3.500**
5	15.000	3.600	**14.500**	**19.000**	**4.500**
6	18.000	4.500	**18.500**	**24.500**	**5.500**
7	22.500	6.000	**21.500**	**28.000**	**7.000**
8	27.500	8.000	**26.000**	**36.000**	**9.500**
9	35.000	10.000	**33.000**	**44.000**	**11.000**
10	45.000	12.400	**42.000**	**55.000**	**13.000**
11	60.000	16.000	**56.000**	**75.000**	**18.000**
12	73.000	20.000	**65.000**	**87.000**	**22.000**

OBSERVATIONS. — Aux prix ci-dessus les appareils sont livrés sans tuyauterie, ni robinetterie. Celles-ci sont facturées à part et se montent à environ 9 0/0 du prix de l'appareil ; l'emballage est d'environ 3 0/0.

Si l'on désire obtenir de l'alcool de qualité supérieure, il ne faut compter comme rendement en extra-fin que 60 0/0 du chiffre du travail indiqué par l'alcool fin.

L'appareil de rectification perfectionné procure une économie considérable de combustible, cette économie varie suivant les conditions du travail de 50 à 80 0/0.

Les conditions de vente sont : un tiers à la commande et le solde à la livraison à Corbehem ; cette livraison peut se faire dans un délai de 75 à 90 jours.

§ 1er. **Prix courant des appareils de distillation et de rectification.**

PRIX DES APPAREILS DE DISTILLATION PAR LA VAPEUR

Système SAVALLE

NUMÉROS de DIMENSIONS	VOLUME DE LIQUIDE FERMENTÉ distillé par 24 heures	PRIX DE BASE DES APPAREILS en cuivre rouge	PRIX DE BASE DES COLONNES en fonte de fer
	LITRES	FR.	FR.
0	240	**5.500**	
1		**6.900**	
2	10.000	**8.600**	**7.200**
3	50.000	**10.300**	**8.300**
4	60.000	**12.100**	**9.400**
5	70.000	**13.800**	**10.500**
6	80.000	**15.500**	**11.600**
7	90.000	**17.250**	**12.700**
8	100.000	**19.000**	**13.800**
9	110.000	**20.700**	**14.900**
10	120.000	**22.425**	**16.000**
11	160.000	**29.900**	**20.400**
12	200.000	**36.800**	**25.900**
13	250.000	**45.000**	**30.300**
14	360.000	**62.400**	**44.000**
15	450.000	**78.000**	**55.000**

OBSERVATIONS. — Aux prix ci-dessus, les appareils sont livrés sans tuyauterie, ni robinetterie. Celles-ci sont facturées à part et se montent à environ 9 0/0 du prix de l'appareil; l'emballage est d'environ 3 0/0.

Les appareils ci-dessus produisent de l'alcool brut de 45 à 60 degrés, ce qui est suffisant si l'on rectifie l'alcool sur place. Dans le cas où cette rectification n'a pas lieu, nous donnons à l'appareil une disposition spéciale qui lui fait produire de l'alcool brut de 90 à 95 degrés Tralles. Dans ce cas, le prix de l'appareil augmente de 10 0/0.

PRIX DES APPAREILS A FEU NU

Compris la tuyauterie

NUMÉROS de DIMENSIONS	VOLUME DE LIQUIDE FERMENTÉ distillé en 12 heures	PRIX DE BASE DES APPAREILS A FEU NU en cuivre rouge
	LITRES	FR.
00	2.500	**4.000**
000	1.500	**3.000**

CHAPITRE SIXIÈME

STATISTIQUE DE LA PRODUCTION DES VINS ET EAUX-DE-VIE

Production vinicole française.

ANNÉES	NOMBRE D'HECTARES PLANTÉS en vignes	VINS DE TOUTES SORTES		
		PRODUCTION	IMPORTATION	EXPORTATION
		hectolitres	hectolitres	hectolitres
1877.	2.346.497	56.405.000	707.000	3.102.000
1878.	2.295.980	48.729.000	1.603.000	2.795.000
1879.	2.241.477	25.770.000	2.938.000	3.047.000
1880.	2.204.459	29.667.000	7.219.000	2.488.000
1881.	2.699.923	34.139.000	7.839.000	2.572.000
1882.	2.135.349	30.886.000	7.537.000	2.618.000
1883.	2.095.927	36.029.000	8.980.000	3.093.000
1884.	2.040.759	34.781.000	8.115.000	2.470.000
1885.	1.990.586	28.536.000	8.182.000	2.580.000
1886.	1.959.102	25.063.000	11.011.000	2.704.000
1887.	1.944.150	24.333.000	10.582.000	2.187.000

Production des alcools de vins et de marcs depuis 1876.

ANNÉES	ALCOOL de VINS	ALCOOL de MARCS ET DE LIES
	hectolitres	hectolitres
1840-1850	730.017	91.391
1853-1857	110.254	20.362
1865-1869	460.372	61.214
1870-1875	445.010	59.416
1876	545.994	76.227
1877	157.570	56.191
1878	192.952	51.079
1879	102.651	36.831
1880	27.200	17.373
1881	34.324	24.621
1882	21.962	22.893
1883	22.710	28.918
1884	35.251	43.266
1885	23.240	43.853
1886	19.513	49.311
1887	32.758	41.872

BIBLIOGRAPHIE

Librairie de G. MASSON, 120, boulevard Saint-Germain, à Paris.

En voie de publication :

LA

FABRICATION DE L'ALCOOL

Par J.-PAUL ROUX

RÉDACTEUR EN CHEF DU JOURNAL LA *REVUE UNIVERSELLE DE LA DISTILLERIE*
MEMBRE DU COMITÉ D'ADMISSION (CL. 73 : BOISSONS FERMENTÉES)
A L'EXPOSITION UNIVERSELLE DE 1889
MEMBRE DU JURY DE L'EXPOSITION INTERNATIONALE DE 1881 ET DE BRUXELLES EN 1888
MEMBRE DES CONGRÈS INTERNATIONAUX POUR L'ÉTUDE DE L'ALCOOLISME, ETC.

Beau volume in-8° illustré d'un grand nombre de gravures ; paraissant par fascicules.

Parties parues :

LA RECTIFICATION, volume de 63 pages et 15 gravures. *Prix :* **3 francs.**

PRODUCTION DU RHUM, volume de 50 pages et 9 gravures. *Prix :* **3 francs.**

DISTILLATION DES GRAINS et Fabrication de la Levure pressée, volume de 138 pages et 15 gravures. *Prix :* **5 francs.**

DISTILLATION DU CIDRE, brochure de 30 pages, 4 gravures. *Prix :* **1 fr. 50 c.**

DISTILLATION DES VINS, brochure de 36 pages, 6 gravures. *Prix :* **1 fr. 50 c.**

Pour paraître prochainement :

DISTILLATION DE LA MÉLASSE

En préparation :

DISTILLATION DE LA BETTERAVE.

16me ANNÉE

REVUE UNIVERSELLE DE LA DISTILLERIE

Journal hebdomadaire paraissant le dimanche

FONDÉ EN 1873

Jean-Paul ROUX

FONDATEUR-PROPRIÉTAIRE ET RÉDACTEUR EN CHEF

Le plus grand journal technique français spécial à la distillerie.
Indispensable à tous les distillateurs, rectificateurs et fabricants.

BUREAUX

PARIS	BRUXELLES
53, rue Vivienne, 53	**26, rue de l'Enseignement, 26**

ABONNEMENTS

FRANCE ET BELGIQUE. . . **15** FRANCS | UNION POSTALE . . . . . . **18** FRANCS

On peut s'abonner dans tous les bureaux de poste de France, de Belgique et d'Allemagne.

BUREAU DES PUBLICATIONS

RELATIVES A LA DISTILLERIE ET A LA BRASSERIE

Paris, 53, rue Vivienne

Ouvrages par M. J.-Paul Roux

Directeur-propriétaire des journaux la *Revue universelle de la Brasserie et de la Malterie* et de la *Revue universelle de la Distillerie*, journaux techniques hebdomadaires; Secrétaire des Congrès internationaux de brasseries de Paris en 1878 et de Bruxelles en 1880. Secrétaire-délégué de l'*Union générale des brasseurs* au Congrès de Munich en 1880 et de Berlin en 1884. Secrétaire du jury de l'Exposition internationale de brasserie de Versailles en 1881, de l'Exposition internationale de Paris en 1885. Secrétaire-rédacteur de l'Association de garantie, membre du Comité de patronage, et auteur du *Système de classification* de l'Exposition nationale de brasserie à Paris en 1887. Membre des Congrès internationaux pour l'étude de l'alcoolisme. Membre du Comité d'admission à l'Exposition universelle de 1889, etc.

DISTILLERIE

La Fabrication de l'alcool. Beau volume in-8° illustré d'un grand nombre de gravures : paraissant par fascicules. — fr. c.

Parties parues :

— *La Rectification.* Volume de 65 pages et 15 gravures. . . . 3 »

— *Production du rhum.* Volume de 50 pages et 9 gravures. . 3 »

— *Distillation des grains et la Fabrication de la levure pressée.* Volume de 140 pages et 15 gravures . . . . 3 »

Pour paraître prochainement :

— *Distillation de la mélasse.*

En préparation :

— *Distillerie de la betterave* . . . . » »

Le Monopole de l'alcool . . . . » »

La Distillerie à l'Exposition d'Anvers en 1885. Une brochure in-8° . . . . » »

REVUE UNIVERSELLE DE LA DISTILLERIE, journal hebdomadaire, le plus grand et le plus important journal de la spécialité dans le monde entier. Abonnement, par an . . . . . 15 »

MALTERIE ET BRASSERIE

Quelques mots sur la bière, dédiés aux familles et aux consommateurs. Une brochure in-8°, 1887. Prix . . . . 1 »

	fr. c.
Exposition de brasserie de Munich en 1880. Une brochure in-8°. Prix	1 »
La Brasserie à l'Exposition d'Anvers en 1885. Une brochure in-8°.	épuisé.
Mémoire sur la Société anonyme des brasseries françaises. 1879. Grand in-4°. Rare. Prix	5 »
Les Écoles de brasserie. Discours au Congrès international des brasseurs à Paris en 1878	épuisé.
REVUE UNIVERSELLE DE LA BRASSERIE ET DE LA MALTERIE, journal hebdomadaire. Abonnement, par an. Prix. .	15 »
Très utile aux distillateurs de grains; nouvelles méthodes de maltage, etc.	

Au *Bureau des publications*, 53, rue Vivienne, à Paris, on peut se procurer tous les ouvrages relatifs à la *Distillerie*, à la *Malterie* et à la *Brasserie*.

TABLE DES MATIÈRES

IMPRIMERIE CENTRALE DES CHEMINS DE FER. — IMPRIMERIE CHAIX. — RUE BERGÈRE, 20. — 27704-12-8.

www.ingramcontent.com/pod-product-compliance
Lightning Source LLC
LaVergne TN
LVHW012016160826
845678LV00002B/864

* 9 7 8 2 3 2 9 6 5 6 6 0 1 *